LES

MATIÈRES COLORANTES

ARTIFICIELLES

DANS LES VINS

LES

MATIÈRES COLORANTES

ARTIFICIELLES

DANS LES VINS

PAR

E. ROBINET, D'ÉPERNAY.

ÉPERNAY

TYP. BONNEDAME ET FILS, ÉDITEURS.

1882

LES

MATIÈRES COLORANTES

ARTIFICIELLES

DANS LES VINS

CONSIDÉRATIONS GÉNÉRALES

Depuis des époques très-reculées, il a été fait des tentatives constantes pour introduire dans les vins des matières étrangères à la vigne, dans le but de rehausser leur couleur. De tous temps, en effet, les consommateurs ont préféré les vins riches en couleur, d'un beau brillant: cela flatte l'œil, souvent au détriment de la finesse et du bouquet, mais la vue est pour beaucoup dans les objets de consommation.

Les anciens se servaient de teintures naturelles, autrement dit de colorants tirés des végétaux. Le nombre en est considérable et très-varié, mais les progrès de la chimie ont peu à peu fait abandonner une partie de ces produits, pour en adopter de plus riches, d'un emploi plus facile et moins coûteux.

Le *teinturier*, sorte de vigne qui donne un raisin très-noir, d'un goût désagréable et impropre à faire seul un vin potable, a été et est encore très-cultivé dans certaines régions de la France. Il n'a aucun inconvénient au point de vue de l'hygiène, car c'est le produit d'une espèce spéciale de vigne, mais il n'améliore pas la qualité du vin, tout en en relevant considérablement la couleur. Ce produit, assez élevé de prix, ne pouvait satisfaire les besoins de la consommation; aussi a-t-on cherché d'autres plantes donnant des baies à jus très-coloré.

L'hièble, le myrtile, le sureau, les baies de troëne ont successivement pris place dans la nomenclature des produits colorants employés pour falsifier la couleur des vins.

Ces produits n'avaient pas de bien graves inconvénients au point de vue de la santé; seulement ils étaient employés pour tromper sur la qualité de la marchandise vendue, et à ce titre ils tombaient sous le coup de la loi.

Ces teintures, cependant, avaient besoin de certains agents chimiques pour conserver leur puissance colorante, et l'alun était le produit employé. L'alun absorbé dans certaines proportions a des inconvénients et c'est ce qui motiva des poursuites contre les falsificateurs.

Le phytolacca donne une matière colorante d'une extrême richesse, aussi a-t-il été très-employé; en Portugal, principalement, le développement de son emploi devint tel, qu'on dut en interdire la culture, sous peine de pénalités très-graves. En effet, le jus des baies de phytolacca est nuisible à la santé, c'est même un toxique assez énergique.

Le génie inventif des fraudeurs se rejetta alors dans un ordre d'idées différentes : il appliqua aux vins les procédés de teintures appliqués aux tissus. L'orseille, le coquelicot, les roses trémières, les bois de Brésil et de Fernambouc, le bois de campêche, l'indigo, la cochenille, devinrent autant d'agents de falsification.

Leur emploi était d'une extrême facilité, et la couleur qu'ils donnaient aux vins d'une grande solidité. De plus, au moyen de certaines combinaisons, on modifiait la couleur du vin, lui donnant à volonté l'aspect de vins nouveaux riches en couleur ou de vins vieux ayant pris cette teinte spéciale qui les caractérise.

L'emploi de ces agents devenait un danger pour la santé publique, car ces matières colorantes ne se maintiennent qu'à la faveur d'agents chimiques, souvent assez énergiques. Des poursuites nombreuses eurent lieu et le monde savant ne tarda pas à produire une série très-complète de procédés destinés à démasquer ces fraudes. Elles devinrent moins fréquentes, sans toutefois cesser d'une manière absolue ; cependant, on peut le dire sans crainte, la justice est maîtresse de ces falsifications, car elle a en main les moyens de les mettre au grand jour et même de déterminer avec une certaine exactitude le produit employé. L'analyse présente bien certaines difficultés, mais pour les experts habitués de longue main à ce genre de recherches, ils peuvent, dans une certaine limite, être absolument affirmatifs.

Il y a quelques années, les experts furent un moment déroutés: les vins étaient colorés artificiellement, cela ne faisait pas de doute pour eux, mais la nature du produit employé leur échappait, car en présence de certains agents chimiques, il disparaissait absolument. Ce doute ne devait pas durer longtemps et bientôt on signala l'emploi de la fuchsine, produit extrait du goudron de gaz et si employé dans la teinture des étoffes et des bois. Cette matière colorante, d'une extrême richesse, car 5 grammes suffisent pour doubler la couleur d'une pièce de vin, ne laissait aucune trace de goût et se maintenait très-bien. Les procédés pour la démasquer se présentèrent en foule et à l'heure actuelle elle n'est plus employable, car c'est une des fraudes les plus faciles à démontrer pièces en main.

Des colorants, dérivant toujours des goudrons de gaz, ont été essayés, mais ils sont trop faciles à démontrer pour que les fraudeurs puissent en tirer un parti quelconque.

Cette dernière classe de colorants peut présenter quelques inconvénients au point de vue de la salubrité du vin, mais ils sont légers; le plus

grand reproche qu'on puisse leur adresser est une tromperie absolue sur la nature de la marchandise vendue.

La création de laboratoires d'expertise tendant à se développer, la coloration artificielle des vins devient de plus en plus impraticable ; il y a cependant une classe d'incorrigibles qui ne renoncent pas à ces pratiques criminelles. La loi les traque de tous côtés et à juste raison.

Il faut le dire cependant à la louange du commerce des vins : il se fait plus honnêtement qu'autrefois, et ce que le public prend souvent pour un vin falsifié, n'est que le résultat de coupages de petits vins français avec des vins très-colorés soit du midi, soit d'Espagne ou d'Italie. Le vin prend alors une teinte bleu-violet qui n'est pas agréable, mais qui est absolument naturelle. Cette teinte est due surtout à la jeunesse du produit ou à l'emploi de vins provenant de plants de vignes américaines. Cette coloration n'a aucune solidité et le temps seul suffit pour la modifier et la faire tourner au jaune brun.

Nous pourrions nous étendre indéfiniment sur des considérations générales relatives à la coloration artificielle des vins ; nous nous en tiendrons là pour le moment, nous promettant, dans une série d'études qui suivront, de traiter d'une manière spéciale la recherche de ces fraudes. Cette étude présentera, nous l'espérons, quelque intérêt pour nos lecteurs.

ÉTUDE DES RÉACTIFS

De ce que nous avons dit plus haut comme considérations générales, nous allons passer à l'étude détaillée de chacune des matières colorantes artificielles employées pour frauder les vins ; mais avant tout, étudions rapidement les réactions qui en caractérisent la couleur vraie.

Comme première base d'opération, nous établissons ce point, c'est que nous agissons sur des vins nouveaux, la recherche de la fraude dans les vins vieux n'ayant que peu d'intérêt et nécessitant un travail spécial. Le second point, c'est que nos recherches portent principalement sur les vins dits vins de coupage.

Ceci établi, nous allons examiner avec soin tous les réactifs employés, la manière dont ils se comportent vis-à-vis des vins et des matières colorantes connues, et enfin la manière de les utiliser. Cette étude, un peu ingrate, nous est absolument indispensable pour l'intelligence de ce qui suivra, et éviter d'être arrêté à chaque pas par des dissertations sur les réactions chimiques dues à certains agents employés dans la recherche des fraudes.

LE CARBONATE DE SOUDE.

En solution au 200e, le carbonate de soude

donne aux vins une couleur verte ou gris-bleu. Quelques matières colorantes elles-mêmes prennent cette teinte, telles que l'hièble, le sureau, le troëne, la rose trémière ; ce réactif n'indiquerait donc rien en présence de l'addition de ces colorants à un vin naturel ; il n'en est pas de même pour le myrtille, le phytolacca et la betterave qui conservent leur couleur rose en présence du carbonate de soude. Cette réaction nous sera d'un grand secours dans l'avenir pour classer nos produits.

LE BICARBONATE DE SOUDE SURCHARGÉ D'ACIDE CARBONIQUE.

Si on mélange à volumes égaux du vin et une solution à 8 °/ₒ de bicarbonate de soude surchargé d'acide carbonique, on a les réactions suivantes : le vin se trouble légèrement, prend une teinte gris de fer tirant sur le vert bouteille.

Cette réaction n'est cependant pas générale à tous les vins : l'Aramon reste rose vineux brun, le même vin mêlé avec du petit Bouchet devient lilas, le vin teinturier devient vert foncé.

Ce réactif laisse à désirer comme donnant des indications manquant de précision ; cependant il ne faut pas le négliger, il peut nous servir à l'occasion.

LE PROTONITRATE DE MERCURE.

En dissolution à 10 °/₀ dans de l'eau distillée bouillie, le protonitrate de mercure donne un précipité gris perle, et le liquide surnageant est d'un blanc légèrement paille pour les vins purs.

C'est un réactif précieux dont nous aurons un emploi fréquent.

LE BORAX.

Le biborate de soude, employé en solution saturée dans la proportion de deux volumes pour un de vin, donne dans les vins purs des colorations qui varient entre le bleu fleur de lin et le gris bleu légèrement verdâtre. Il faut regarder le vin par transparence sur un fond blanc très-éclairé. C'est à M. Moitessier qu'on doit cette réaction; elle est d'un emploi fréquent et donne des indications qu'il est bon de ne pas négliger. Seulement, il faut tenir compte, avec soin, de l'âge du vin et de sa provenance. La présence de teinturier dans le vin, en essai, modifie souvent la réaction, mais comme le teinturier n'est pas une fraude, vu que c'est un plant de vigne spécial, il faut en tenir compte.

L'AMMONIAQUE.

Si on mélange du vin rouge pur à volumes égaux avec de l'ammoniaque, il se produit immédiatement une profonde modification dans la couleur du liquide : elle passe au vert, au gris verdâtre, au vert bouteille, ou au gris bleu verdâtre et enfin à la teinte feuille morte, selon que le vin est plus ou moins vieux ou provient d'une région du centre ou du midi. La nature de la coloration permet presque de distinguer l'âge du vin ; ainsi dans les vins très-jeunes, malgré un excès de réactif, la couleur reste verte, mais dans les vins d'un certain âge, elle devient feuille morte. Cette modification de la couleur se fait déjà sentir dans les vins de neuf mois, mais à un an elle est tout-à-fait caractéristique.

SULFHYDRATE D'AMMONIAQUE AMMONIACAL.

M. Filhol prépare ce réactif en additionnant 10 centimètres cubes d'ammoniaque de 8 centimètres cubes d'une solution de sulfhydrate d'ammoniaque au 10e, et étendant le tout d'eau de manière à former un volume de un litre. Le vin est mêlé par parties égales avec ce réactif et filtré, le produit du filtrage est vert pour les vins purs, et violacé, lilas ou bleuâtre pour les vins fraudés.

Ce réactif manque de sensibilité, car certaines espèces de vins parfaitement purs donnent la nuance légèrement violacée. C'est un réactif à mettre de côté pour les essais rapides.

EAU DE BARYTE.

Si on additionne un vin pur d'eau de baryte à saturation, il se forme un abondant précipité; le liquide filtré est alors couleur olive ou vieille eau-de-vie, selon les crûs. Dans le cas où le vin serait coloré par des jus de baies, le liquide filtré est violet ou rose, selon leur provenance. Si le colorant employé est de la teinture de bois de Brésil, de Fernambouc et de campèche, le liquide est rouge brun ou jaune brun.

Ce réactif est assez sensible et peut fournir de précieuses indications quand on commence une analyse, et plus tard pour classer les produits recherchés. Ses réactions sont masquées dans le seul cas où le colorant employé est un mélange de teintures de baies de fruits et de teintures de bois ou de cochenille. C'est du reste la grande difficulté que présente ce genre de recherches, quand les colorants employés sont de compositions diverses, ce que ne manquent presque jamais de faire les fraudeurs qui commencent à devenir d'une assez jolie force en chimie.

L'ACIDE SULFUREUX.

Mauvais réactif ne donnant le plus souvent que des indications absolument fausses. Beaucoup d'auteurs ont cru devoir l'employer et le conseiller, mais la plus grande partie des réactions qu'il indique sont fausses, et cela vient de ce qu'ils n'ont opéré que sur une seule espèce de vin, tandis qu'avec certains autres on obtient des résultats tout-à-fait contraires. Il est donc sage d'abandonner ce réactif qui est cependant un des plus anciennement employés.

SOUS-ACÉTATE DE PLOMB.

Si on précipite un vin pur par une solution concentrée de sous-acétate de plomb on a un abondant précipité dont la nuance varie du bleu cendré au bleu verdâtre et au vert clair. Le liquide surnageant, lui, doit être blanc.

Cette réaction n'indique cependant rien de bien positif, car si le colorant employé vient de baies de fruits, la réaction sur ces matières colorantes est la même que sur celle du vin et le liquide surnageant sera également blanc. La couleur du précipité pourra varier, mais ne donnera pas d'indications d'une précision assez parfaite pour qu'on puisse être affirmatif dans une expertise légale. Cependant, il faudra tenir compte des résultats obtenus et employer souvent ce réactif qui peut guider l'expert dans ses recherches. M. Gautier condamne son emploie d'une manière trop absolue à notre avis, car, nous, nous pensons au contraire qu'on peut y puiser des renseignements précieux. Ce réactif est comme bien d'autres, il n'est pas parfait, mais il a une valeur réelle.

L'HYDROGÈNE NAISSANT

M. Duclaux conseille comme réactif pour distinguer les vins mélangés, l'emploi de l'hydrogène naissant ; pour cela, il étend le vin d'eau, y plonge une lame de zinc, puis l'additionne de quelques gouttes d'acide chlorhydrique. Peu à peu, le vin se décolore ; mais cette réaction n'est pas personnelle au vin, un grand nombre de matières colorantes se comportent de même, les matières colorantes de baies de phytolacca, de myrthile, de décoction de mauve, subissent la même influence que le vin.

C'est encore un réactif à n'employer que dans le cas où l'on voudrait rechercher la teinture obtenue par les baies de phytolacca ; en effet, l'hydrogène naissant la décolore bien plus rapidement que le vin ; ce qui fait qu'en constatant la rapidité plus ou moins grande des liquides à se décolorer, on peut arriver à déterminer assez exactement la présence du phytolacca.

LE BIOXYDE DE BARYUM.

C'est un agent précieux pour l'étude des matières colorantes qui nous occupent ; c'est M. Gautier qui en est l'auteur. Voici son mode d'opérer : 3 centimètres cubes de vin collé et étendu au rose, acidulé de 5 gouttes d'une solution d'acide tartrique à 5 °/ₒ et additionné de 0 gr. 1 de bioxyde de baryum en poudre, se décolorent presque au bout de vingt à vingt-quatre heures.

Avec l'hièble, le sureau, la fuchsine, la teinture de bois de Fernambouc, de campèche, la betterave, la cochenille, la couleur rose ou lilas persiste plus longtemps.

Cette réaction peut être employée avec avantage dans une foule de cas et sert surtout à distinguer les colorants employés.

MÉTHODE GÉNÉRALE

Cette étude des principaux réactifs à employer pour déterminer les fraudes dans la coloration artificielle des vins nous conduit naturellement à la recherche d'une méthode générale qui permette de nous assurer rapidement si un vin est, oui ou non, additionné d'une matière colorante autre que celle du raisin. Ce sont ces méthodes rapides conseillées par beaucoup d'auteurs que nous allons examiner avec soin et discuter sous toutes les faces.

De l'examen de tous les réactifs qui viennent de faire l'objet des premiers principes de ce travail, il résulte qu'un grand nombre d'entre eux présentent dans la plupart des cas des réactions qu'il est assez difficile d'appliquer à telle ou telle matière colorante, car un grand nombre d'entre elles donnent les mêmes résultats.

Ainsi les jus de baies de fruits donnent des réactions qui ont une grande analogie avec celles produites par la matière colorante du vin. Il faut modifier profondément le plus souvent le mode d'opérer pour avoir des caractères distinctifs qui permettent d'établir des effets appréciables. C'est ce qui constitue la grande difficulté d'un mode d'opérer unique qui permette de distinguer de suite si un vin a été, oui ou non, coloré artificiellement.

Les décoctions de bois de teintures présentent moins d'obstacles à l'analyse, mais il ne faut cependant pas trop se hâter de conclure, et ne jamais perdre de vue ceci, c'est que l'expert doit se prononcer avec la plus extrême prudence : son rôle est des plus délicats, car une affirmation portée à la légère peut avoir les conséquences les plus graves pour le négociant dont on a saisi la marchandise.

Si on a employé la cochenille, l'indigo, les matières minérales, les recherches se simplifient, mais présentent encore des difficultés assez grandes pour qu'il y ait souvent doute.

Un grand nombre de cas viennent également jouer un rôle important dans cette recherche ; l'âge du vin, sa provenance, la somme de matière colorante employée, tout cela contribue à compliquer les difficultés de l'analyse et surtout le mélange de matières colorantes de provenances diverses. Le fraudeur, comme bien on le pense, cherchera par tous les moyens à dérouter l'expert et mettre son savoir à l'épreuve.

Le falsificateur n'a du reste qu'un intérêt médiocre à colorer artificiellement les vins, si ce n'est dans d'assez fortes proportions pour qu'il y trouve un bénéfice réel. Il faudra donc qu'il augmente la puissance de coloration de son vin d'au moins 1/8 ou 1/4. Sans cela, la fraude n'aurait aucun intérêt. Cette abondance de colorants, loin de nous rendre la tâche difficile, au contraire, nous la facilitera. Examinons donc les différentes méthodes indiquées pour établir ce premier point de l'analyse, c'est-à-dire si le vin doit sa couleur au raisin ou à un colorant quelconque.

M. Fauré, de Bordeaux, auquel on doit de nombreux et intéressants travaux sur les vins de cette région, donne un procédé rapide pour s'assurer immédiatement si un vin est pur ou coloré artificiellement.

Il additionne une certaine quantité de vin de quelques gouttes d'une solution concentrée de tannin, agite fortement, puis verse dans le tout une solution chaude de gélatine.

Voici la réaction qui se produit: le tannin a une affinité extrême pour la matière colorante du vin et forme immédiatement avec elle une combinaison ; or, on sait que la gélatine précipite le tannin en se combinant avec lui ; si donc on additionne du vin fortement tannisé d'une solution de gélatine, il se formera un précipité gélatino-tannique qui entraînera toute la matière colorante du vin, et le liquide surnageant sera blanc ou légèrement teint en jaune paille ou rose extrêmement clair.

Si, au contraire, on a affaire à des vins colorés artificiellement, le liquide surnageant sera plus ou moins coloré selon la nature du colorant employé.

C'est ce mode d'opérer que M. Gautier critique et à juste raison, car il pêche par plus d'un côté faible. Cependant ne l'abandonnons pas et examinons avec soin les points faibles.

Quand le vin est coloré par des jus de baies de fruits, la décoloration est souvent presque complète et cela tient à ce que la nature de la matière colorante de ces baies est presque identique avec celle des raisins. Cependant avec les baies de sureau, de mûres et de phytolacca, la réaction est très-caractérisée. Si, au contraire, la coloration est due à des teintures de bois de campèche et de Fernambouc, à la fuchsine, à l'orseille, à la cochenille, la réaction ne laisse aucun doute, elle est tranchée et caractérisée. Toutes ces expériences, il est bien entendu, doivent se faire dans des tubes en verre parfaitement blanc, et on doit examiner le liquide par transparence sur un écran blanc.

M. Fauré se crut donc autorisé à déclarer que son procédé permettait d'affirmer immédiatement que tel ou tel vin était pur ou coloré, suivant qu'il donnait telle ou telle réaction par son réactif.

La grande faute de l'auteur a été celle-ci : il n'a opéré que sur les vins d'une seule et unique provenance, et sans points de comparaison. Si, au contraire, il avait eu affaire à des vins de certains crûs du midi de la France, de la Catalogne et surtout sur des vignes américaines, il aurait vu combien son procédé était sujet à erreurs.

Les vins du midi et de l'Espagne donnent sou-

vent, selon l'âge et les provenances, des réactions d'une diversité telle que l'expert le plus intelligent peut se trouver dans le plus grand embarras. Mais c'est surtout avec les vins de vignes américaines que les réactions viennent absolument dérouter l'expert, car leur matière colorante donne des précipités, des couleurs dans les liquides filtrés, qui ont une telle analogie avec les teintures artificielles qu'on serait très-tenté de s'y tromper.

Malgré tout, il ne faut pas abandonner le procédé de M. Fauré, il sera utile pour classer les matières colorantes, et dans le liquide filtré et coloré on pourra arriver quelquefois à isoler le colorant employé, ce qui est le *desideratum* de l'expert : pouvoir présenter le corps du délit.

M. Carles, lui, a fait une observation d'une assez grande valeur au point de vue analytique des vins. Il a constaté qu'un vin tannisé et collé avec un excès de blanc d'œuf perdait une grande partie de sa matière colorante, tandis que les autres colorants restaient à peu près intacts. Cette observation intéressante avait son utilité et la voici : un vin suspecté est tannisé et collé avec un excès de blanc d'œuf, puis filtré ; on détermine alors au moyen du colorimètre ce qu'il a perdu, puis on cherche dans ce liquide la nature des colorants. Le vin, débarrassé ainsi de la plus grande partie de sa matière colorante naturelle, présente une bien plus grande sensibilité aux réactifs et permet de classer souvent plus facilement le colorant employé. C'est une méthode à conserver et dont M. Gautier a tiré grand profit.

On a cherché à tirer aussi parti de la différence du coefficient de diffusion dans l'eau de la matière colorante naturelle du vin et des colorants artificiels. Shrader donne un mode d'opérer assez simple : il place une fiole de vin à une certaine hauteur au-dessus d'un vase plein d'eau, puis il fait descendre lentement le vin de la fiole dans l'eau au moyen d'un fil. La matière colorante se diffuse alors, et il constate que tous les colorants employés se diffusant infiniment plus vite que la matière colorante des vins, les couches supérieures du liquide renferment le colorant employé.

Cette expérience fort ingénieuse au premier abord n'est guère pratique et les résultats qu'elle a donné n'ont rien de positif ; le plus souvent on arrive à un résultat absolument nul. Puis, point à noter, le coefficient de diffusion des colorants artificiels n'est pas suffisamment connu pour qu'on puisse baser rien de sérieux sur ce procédé.

Le docteur A. Facon emploie comme méthode générale le bioxyde de manganèse. Quand il veut s'assurer en thèse générale si un vin contient un colorant quelconque, il prend 50 grammes du vin suspect, l'additionne de 50 grammes de bioxyde de manganèse pulvérisé, agite pendant un quart d'heure et filtre. Si le filtratum est décoloré ou simplement paille, il conclut que le vin est pur de mélange de colorant.

Ce mode d'opérer est défectueux sous bien des rapports, car un grand nombre de colorants sont entièrement dénaturés par cet agent. Ainsi les teintures de bois de Brésil, de Fernambouc, de cochenille, de phytolacca, de sureau, et autres, mélangées, même dans de fortes proportions, avec des vins rouges nouveaux, disparaissent entièrement et le filtratum passe jaune paille. On ne peut donc tirer aucune conclusion de ce procédé, surtout si le vin essayé est additionné de vins de vignes américaines.

M. Lamattina, en 1877, a repris le procédé de M. Facon, qui était abandonné, surtout depuis les recherches de M. Gautier, et l'a modifié comme suit : dans 100 grammes de vin suspect, il ajoute 15 grammes de peroxyde de manganèse en poudre, agite 12 ou 15 minutes et filtre. Quand le vin est pur, le liquide filtré est incolore ; dans le cas contraire, il conserve une coloration caractéristique.

Ce procédé, qui ne diffère de celui de M. Facon que par le dosage, est cependant infiniment supérieur, car dans celui de M. Facon il y a emploi d'un excès de décolorant qui, agissant très-énergiquement sur les colorants, les détruit presque tous, tandis que dans le mode d'opérer de M. Lamattina, il n'y a guère que la quantité nécessaire pour enlever la matière colorante du vin.

J'ai fait de nombreux essais par ce procédé et

j'en ai tiré souvent des résultats très-heureux et qui m'ont mis sur la voie de fraudes assez délicates à trouver ; cependant, il ne peut être considéré comme positif pour une analyse légale, point que nous ne devons jamais perdre de vue.

M. Gautier conseille l'emploi de la laine ou de la soie différemment mordancées.

En effet, un grand nombre de colorants se fixent sur la laine et la soie mordancées. Le campèche, le Fernambouc, le Brésil, la cochenille, l'indigo. la fuchsine, teignent la laine et la soie mordancées en couleurs dont l'intensité varie suivant la richesse du vin en colorant ; en lavant ensuite l'échantillon à l'eau, si la couleur tient, c'est qu'il y a présence positive d'un de ces colorants. Mais si on se trouve en présence de colorants provenant de fruits ou de fleurs à sucs rouges, la réaction est absolument nulle.

M. Gautier ajoute donc avec raison qu'il ne peut considérer sa méthode comme générale et il ne s'en sert que comme mode facile pour classer la nature du colorant ; à ce point de vue, elle peut rendre de grands services et guider l'expert dans ses recherches.

On a encore indiqué l'emploi de l'éther, et certains auteurs conseillent d'agiter du vin suspect avec un volume égal d'éther, et de laisser les deux liquides se séparer. Si le vin est pur, l'éther surnageant est blanc ; dans le cas contraire il est coloré.

Ce fait est absolument inexact pour certains colorants, et peu concluant pour d'autres.

Je lui préfère infiniment l'emploi de l'alcool amylique qui, lui, enlève complètement la fuchsine et quelques autres teintures ; mais c'est surtout au point de vue de la fuchsine et de ses dérivés que cet agent est précieux, car il isole tout-à-fait le colorant et permet de l'étudier sous toutes ses faces.

M. Filhol emploie l'ammoniaque et le sulfhydrate d'ammoniaque. Il additionne le vin suspect d'un léger excès d'ammoniaque, agite, puis additionne de quelques gouttes de sulfhydrate d'ammoniaque et filtre. Si le vin ne contient aucun colorant, le filtratum sera vert ; si au contraire il contient des colorants étrangers, il sera, suivant leur nature, bleu, violet ou rouge.

Cette réaction a du bon, mais manque de précision pour certains vins.

M. Batilliat a publié un procédé qui, selon son auteur, donnait des résultats absolument positifs. Il additionnait le vin d'un excès d'ammoniaque, et immédiatement la couleur passait au brun, puis il versait quelques gouttes d'acide tartrique dans le mélange et observait le changement de nuance. Si la couleur brune persistait, il concluait que le vin était pur de mélange, dans le cas contraire, la couleur rouge se ravivait. Rien n'est cependant moins exact, et l'erreur de M. Batilliat est complète.

J'ai fait toute une série d'essais par ce procédé, et sur les vins de tout âge et colorés avec les produits les plus variés, ou absolument purs, mais de provenances très-différentes, et j'ai constaté que tout vin, pur ou coloré artificiellement, amené au brun par l'ammoniaque, reprenait sa couleur rouge sous l'action de l'acide tartrique.

Le seul enseignement que j'ai retiré de ces essais est le suivant : c'est que plus un vin est jeune, plus la coloration se rapproche du vert ; au contraire, plus il est vieux, plus elle tourne au brun et même à la couleur feuille morte.

On dit encore qu'une goutte de vin naturel desséchée et vue au microscope paraît uniformément colorée, tandis que dans le vin coloré artificiellement les choses se passent autrement. C'est une erreur profonde et des essais nombreux faits dans ce sens ne m'ont donné qu'un seul résultat, c'est celui de perdre mon temps.

Toutes ces réactions sont un peu fantaisistes et il est regrettable que leurs auteurs ne se donnent pas la peine de les étudier avec plus de soins avant de les lancer dans le monde scientifique, cela éviterait aux chercheurs une foule d'études et une perte de temps très-préjudiciable.

M. Husson, pharmacien à Toul, a publié en 1877 un procédé de recherches générales qui nous semble présenter un vif intérêt ; aussi trouvons-nous beaucoup plus simple de le donner en entier, car il offre des caractères dont nous avons tiré souvent le plus grand profit dans nos recherches légales. Voici textuellement comment il s'exprime :

En me basant sur le même principe que M. Fauré, j'ai indiqué un procédé qui me paraît de la plus grande sensibilité. Ayant remarqué que la présence de l'alun modifie souvent les réactions indiquées par les différents auteurs, j'ai cherché à utiliser ce corps pour reconnaître la matière frauduleuse. Au lieu de précipiter l'alumine par un carbonate alcalin pour former des laques à teintes indécises, je précipite l'acide sulfurique par l'acétate de plomb cristallisé. Le sulfate de plomb en se déposant entraîne avec lui la presque totalité de la matière colorante du vin et laisse au contraire en solution les colorants artificiels dont les teintes sont au contraire avivées par l'acétate d'alumine qui se forme. Pour cette opération je me sers de deux solutions concentrées à froid : l'une faite avec de l'alun, l'autre avec l'acétate neutre de plomb cristallisé. J'ajoute à un volume de vin une quantité égale de solution d'alun, que l'on traite ensuite par l'acétate.

Il se forme des précipités qui ont une importance secondaire, tandis que le liquide, passant après filtrage, est tout-à-fait caractéristique, ce qui permet de faire toute une série d'observations et souvent même de garder des témoins des falsifications, qu'on peut présenter à la justice. En effet, dans ces liquides, on retrouve souvent les traces indiscutables des colorants employés.

NOMS de la MATIÈRE COLORANTE.	COULEURS du PRÉCIPITÉ	COULEUR du LIQUIDE FILTRÉ.
Vin de Toul........	Blanc sale.........	Légère teinte vineuse.
Macon 1873........	Gris bleu..........	Id. Id.
Bordeaux...........	Gris légèrem' violacé.	Id. Id.
Hérault............	Gris bleu..........	Id. Id.
Aramon...........	Blanc sale.........	Id. Id.
Teinturier.........	Gris violet........	Id. Id.
Indigo.............	Bleuâtre...........	Complètement décoloré.
Troëne............	Gris bleu..........	Bleu comme le cuivre en dissolution ammoniacale.
Vigne vierge.......	Gris violacé........	Bleu violet très-franc.
Myrtilles..........	Violacé...........	Violet bleu.
Sureau............	Id.	Id.
Bois de campèche....	Id.	Violet un peu cerise.
Bois de Fernambouc.	Id.	Groseille.
Mauve arborée......	Gris bleu..........	Bleu mauve.
Vin avec fuchsine...	Blanc sale.........	Roux.
Fuchsine...........	Rosé..............	Rose fuchsine.

Voici les conclusions qu'on peut tirer de l'examen de ce tableau :

1° La couleur du précipité peut guider l'expert pour déterminer le crû ayant fourni le vin. Dans une recherche de ce genre, le chimiste cherchera à se procurer du vin de même provenance et de même année et constatera si les précipités sont identiques ;

2° Le vin naturel, quelle qu'en soit la provenance, après avoir subi le traitement que nous avons indiqué. passe toujours avec une teinte vineuse très-atténuée ;

3° Si le liquide passe avec une teinte d'un bleu franc, c'est que le vin a été falsifié avec du jus de *troëne ;*

4° Si la teinte est d'un bleu pâle, d'un bleu mauve, c'est qu'il y aura un mélange de vin et d'infusion de *fleurs de mauve ;*

5° Lorsque le liquide passera avec des teintes violettes plus ou moins bleues, c'est qu'on aura introduit du jus de *phytolacca*, du jus de *sureau*, de baies de *myrtille* ou une décoction de bois de *campèche ;*

6° Si la solution violette devient jaune sous l'influence de l'ammoniaque, si le carbonate de soude en présence de l'alun détermine un précipité lilas, c'est que le vin a été falsifié avec les baies de *phytolacca ;*

7° Si la solution donne avec le carbonate de potasse un précipité gris violacé, c'est qu'il y aura des baies de *myrtilles ;*

8° Si la solution passe au bleu sous l'influence de l'acétate de cuivre et au rose-lilas par l'action de l'acétate de soude, si elle donne un précipité violet par le carbonate de soude, il y aura des baies de *sureau;*

9° En mettant un peu d'acide nitrique dans les liquides colorés en violet-bleu, ils passent tous au rouge groseille, à l'exception d'un seul, qui prend la teinte pelure d'oignon, c'est le *bois de campêche ;*

10° Quand le liquide d'un rouge-groseille devient pelure d'oignon sous l'influence de l'acide nitrique, c'est qu'on aura introduit dans le vin une décoction de *bois de Fernambouc ;*

11° Lorsque la teinte est rouge-sale, il y aura lieu de rechercher dans le vin s'il ne renferme pas de *fuchsine* ;

12° Si le liquide passe avec la teinte vineuse et si le dépôt filtré a une couleur bleu prononcée, on recherchera l'*indigo*.

L'ensemble du procédé de M. Husson a cela de remarquable, c'est son extrême simplicité, qui n'exclut cependant pas l'exactitude des indications fournies par les réactions décrites.

M. Vogel, pour reconnaître si un vin est coloré artificiellement avec un colorant quelconque, emploie le procédé suivant : il étend 10 centimètres cubes de vin de 90 centimètres cubes d'eau et y ajoute 30 centimètres cubes d'une solution concentrée de sulfate de cuivre ; si le vin est pur, il est décoloré, si non, il conserve une teinte plus ou moins accentuée qui indique qu'il y a addition d'un colorant quelconque. Cette réaction est d'une extrême sensibilité, mais n'est pas toujours exacte ; le jus d'un grand nombre de baies de fruits est également décoloré par le sulfate de cuivre, on ne peut donc conclure à rien de positif à ce sujet, mais il ne faut pas cependant la rejeter entièrement, car elle donne de bonnes indications pour la recherche de la teinture des vins par les infusions de mauves.

M. Chancel emploie l'acétate de plomb et examine la couleur du précipité. Cette réaction n'a rien de bien positif.

J'ai employé avec succès le protonitrate de mercure : il donne des indications précieuses au point de vue de la recherche des colorants en général.

Un vin pur, additionné d'une solution concentrée de protonitrate de mercure, donne un précipité gris perle. Si au contraire il est additionné d'un colorant, le précipité est rose violet. Si le colorant est de l'infusion de coquelicot, le précipité est bleu.

En principe général, dans les vins purs, le liquide surnageant sur le précipité est paille, tandis que si le vin est coloré artificiellement, le liquide conserve une partie de la nuance du colorant; c'est une indication à prendre en considération.

M. A. Gautier a publié en 1876 un long et savant travail sur la recherche de la matière colorante artificielle des vins ; nous ne pouvons ici le reproduire, mais nous nous promettons d'y faire de larges emprunts, car nous ne saurions trouver un meilleur maître.

Nous nous en tiendrons là pour les méthodes en général, quoiqu'elles ne soient pas toutes indiquées, et nous passerons à l'étude de tous les colorants employés, leur nature, leur recherche et les caractères qui les distinguent. Cette étude nous sera facilitée par la connaissance que nous avons déjà des réactifs, qui au commencement de ce travail ont été l'objet d'une étude spéciale pour chacun d'eux et des réactions qu'ils donnent.

ÉTUDE DES COLORANTS

LE SUREAU. (Sambucus Nigra.)

Le sureau est un arbrisseau qui atteint de 5 à 7 mètres de hauteur, pousse naturellement en Europe. Ses fleurs sont blanches et arrivent en juin et juillet. Les fruits sont noirs et donnent un jus très-coloré, dont l'usage se trouvait naturellement indiqué pour rehausser la couleur des vins. Ce jus est inoffensif au point de vue de l'hygiène, sa saveur est douce et ne présente rien qui puisse nuire au goût des liquides dans lesquels on l'ajoute.

Le seul reproche qu'on puisse adresser à ce colorant, c'est qu'il sert à tromper sur la qualité de la marchandise vendue. Cependant, selon son emploi, on en modifie la fabrication, et dans ce cas il peut présenter des inconvénients.

Un mode d'emploi très-fréquent de ce fruit, c'est sa mise en cuve en même temps que le raisin; il fermente avec lui et lui cède toute sa couleur. Ce procédé est fort employé dans quelques régions vinicoles où l'on ne se cache guère de cette fraude, car c'est dans les vignes elles-mêmes qu'on plante des haies de sureau, et qu'on y récolte les baies.

Le jus des baies de sureau est légèrement purgatif, mais à un degré qui ne présenterait pas d'inconvénients pour la santé publique, si on n'était obligé d'en soutenir la belle teinte rouge, qui a une tendance marquée à tourner au brun, par des additions soit d'acide tartrique, ce qui n'est pas bien grave, mais surtout par de l'alun, ce qui change tout-à-fait la thèse.

La teinte de Fismes, qui a une puissance colorante si grande et qui n'est autre chose que du jus de baies de sureau fermenté, contient une forte addition d'alun, seul moyen de lui conserver sa belle couleur vineuse.

La présence de l'alun a de graves inconvénients pour la santé publique lorsque l'addition y existe à haute dose; c'est donc le point le plus intéressant à étudier dans l'emploi de ce colorant.

Voici la formule de la préparation de la teinte de Fismes :

Baies de sureau........................	500 gram.
Alun..................................	60 —
Eau...................................	600 —

Faire digérer et pressurer.

Il est aisé, d'après cette formule, de voir les quantités énormes d'alun contenues dans un litre de teinte, et le danger que son emploi peut présenter pour le public.

Les réactions suivantes peuvent mettre sur la voie de la recherche de cette teinture dans les vins.

Un vin additionné de teinte de Fismes donne une laque violet bleu foncé par l'alun et le carbonate de soude. L'addition d'une solution de carbonate de soude au 200° dans la proportion de 3 à 5 centimètres cubes dans 1 centimètre cube de vin donne une coloration vert assombri avec teinte lilas à la masse. La coloration avec le vin pur est vert bleuâtre, ou gris verdâtre selon le vin, mais lilas si on se trouve en présence de vin d'Aramon. Si on porte à l'ébullition un mélange de vin falsifié aux baies de sureau avec du carbonate de soude, la masse devient gris verdâtre, tandis que si le vin est pur il se décolore.

L'ammoniaque employée comme réactif donne de mauvaises indications auxquelles il ne faut pas s'arrêter.

Le borax donne bien quelques indications qui ont été préconisées par différents auteurs, mais elles manquent de précision.

L'acétate de soude n'est pas meilleur : il faut se méfier des réactions obtenues qui ont une grande analogie avec celles indiquées par plusieurs autres colorants.

M. P. Prax conseille la laine ou la soie mordancées avec de l'acétate d'alumine qu'on chauffe avec le vin suspect jusqu'à réduction de moitié. On retire la laine ou la soie, on les lave à grande eau, puis on les introduit dans un tube contenant de l'eau additionnée d'ammoniaque. Si le vin est pur de mélange, la laine ou la soie prendront une belle coloration verte ; si au contraire le vin contient de la teinte de Fismes, les échantillons prendront une teinte brune.

Cette réaction est assez sensible, mais elle ne caractérise pas exclusivement le jus de baies de sureau, elle s'applique également aux baies de troëne et de myrtille. C'est cependant un procédé intéressant qui permet de conserver une pièce de conviction à présenter devant la justice.

MM. Pasteur, Balard et Wurtz prennent un centimètre cube de vin, l'amènent à la teinte rose par l'eau, puis y versent quatre à cinq gouttes d'une solution très-étendue d'aluminate de soude ; le vin naturel donne une coloration lilas tirant sur le rose ; le sureau donne la coloration rose franc. Il y a une différence de nuance trop faible pour qu'on puisse tirer la moindre conclusion ; d'autant plus que les baies d'hièble donnent la même réaction que le vin pur, et le campêche s'en rapproche tellement qu'on ne peut rien affirmer en présence des deux échantillons.

L'hydrate de baryte donne bien une indication assez positive pour savoir si le vin est oui ou non coloré artificiellement, mais il ne caractérise pas assez spécialement le sureau pour qu'on puisse le conseiller.

L'acétate de plomb donne des réactions qui sont trop générales pour toutes les baies pour qu'on puisse se baser sur les résultats obtenus pour caractériser telle ou telle de ces baies.

L'acétate d'alumine donne des indications précieuses. Le liquide surnageant le précipité est lilas vineux pour les vins purs, tandis que pour les vins additionnés de teinte de Fismes il est violet bleu ou lilas franc. Cette réaction est cependant très-voisine de celle donnée par les baies d'hièble, et peut donner lieu à erreur, mais avec un peu d'habitude on arrive à en faire la distinction.

De l'étude de tous ces procédés on pourra voir quelle extrême difficulté présente dans l'analyse d'un vin la désignation exacte du colorant employé. Le jus de baies de sureau présente cette particularité, c'est que les réactions chimiques indiquées pour le reconnaître sont communes à un grand nombre de jus de baies et rendent par cela sa reconnaissance extrêmement délicate ; il faudra donc être très-prudent avant d'affirmer.

L'HIÈBLE. (Sambucus Ebulus.)

L'Hièble, plante herbacée de la famille du sureau, qui s'élève à environ un mètre, à tige visqueuse, à feuilles découpées en 5 à 9 segments, et à stipules foliacées. Les fleurs sont blanches et disposées en ombrelle, les fruits à la maturité sont noirs. C'est une plante indigène ; son odeur est désagréable et les animaux ne la mangent pas. Le jus de ses baies est très-riche en matière colorante et employé non-seulement à la falsification des vins, mais aussi à teindre les étoffes en violet. Ses propriétés hygiéniques sont les mêmes que celles du sureau.

L'emploi du jus de baies d'hièble remonte très-loin, car Virgile raconte qu'on en teignait le visage de certaines divinités. De nos jours les choses se passent d'une façon plus pratique : les baies d'hièble servent le plus généralement à falsifier les vins et c'est le seul côté de la question qui nous intéresse. Elles sont employées de deux façons, soit en les faisant fermenter avec les raisins, soit en en faisant une teinture dont la préparation est la même que celle de Fismes. Seulement, il y a cela à noter, c'est que la teinture d'hièble est plus riche en matière colorante que celle du sureau. De même que pour la teinte du sureau, elle doit son inconvénient au point de vue de l'hygiène à la grande quantité d'alun qu'il faut y introduire pour maintenir sa couleur qui se décompose rapidement au contact de l'air en s'oxydant. Le tannin la précipite énergiquement. Ainsi, si on tannise fortement un vin d'hièble et qu'on l'additionne de gélatine dissoute dans de l'eau tiède, toute la matière colorante est précipitée.

Il se présente de grandes difficultés dans la recherche de cette teinture à cause de sa grande analogie avec celle du sureau ; cependant quelques réactions peuvent permettre de la distinguer et c'est ce que nous allons étudier.

Le carbonate de soude précipite le vin pur en

vert bleuâtre, gris légèrement verdâtre, tandis que s'il est mélangé de teinture d'hièble il devient vert avec une teinte lilas; un essai comparatif fait avec de la teinture de sureau permet d'établir une distinction. Si on porte le vin à l'ébullition, le vin avec teinture d'hièble tend à se décolorer, tandis qu'avec la teinture de sureau le vert deviendra plus sombre.

Le bicarbonate de soude donne une réaction encore assez sensible, le vin pur donne une coloration gris foncé légèrement verte et avec quelques vins une petite teinte lilas, tandis qu'avec la teinture d'hièble la masse devient lilas avec tendance au gris marron. Cette réaction est cependant trop délicate pour qu'on puisse se former une opinion bien précise.

Le borax colore le vin en gris bleu verdâtre: avec la teinture d'hièble le vin devient lilas. Cette réaction est très-sensible, car avec la teinture de sureau le vin devient gris bleu verdâtre avec une teinte lilas à peine sensible. La réaction du borax est une des plus sûres pour caractériser ce colorant.

L'alun et le carbonate employés l'un après l'autre donnent des réactions très-caractérisées.

On additionne quatre parties de vin d'une solution d'alun à 10 °/₀, on agite, puis on ajoute une partie de carbonate de soude à 10 °/₀. On agite de nouveau et on laisse reposer. Il se forme un précipité. C'est dans le liquide surnageant que nous devons trouver les caractères qui ne doivent plus nous laisser de doutes.

Quand le vin est pur, le précipité est vert bleuâtre ou quelquefois blanc sale; le liquide, lui, est vert bouteille.

Si le vin est coloré par l'hièble, le précipité est bleu violet foncé, le liquide vert bouteille clair. Mais là, la réaction est la même qu'avec le sureau.

M. Husson a substitué au carbonate de soude, pour précipiter l'alumine et former une laque qui entraîne la matière colorante, l'acétate de plomb. Il se forme un précipité de sulfate de plomb qui entraîne les colorants et donne des précipités de couleurs variées. Pour le vin teint par l'hièble et le sureau, le précipité est violacé, tandis que pour le vin pur, il est blanc sale, le liquide surnageant est violet bleu, tandis que pour le vin pur, il est à peine teinté. Cette réaction n'est pas assez caractéristique, elle peut facilement se confondre avec celle du sureau.

M. Gautier invoque l'emploi du bioxyde de baryum qui, avec le vin pur, donne une liqueur légèrement rose et une légère teinte orange au contact du bioxyde, tandis que si le vin est additionné de teinture d'hièble, la liqueur est teinte en rose marron et le dépôt orange au contact du bioxyde.

Toutes ces réactions permettent donc d'établir parfaitement la présence du colorant étranger, mais laissent quelquefois un doute pour bien en caractériser la différence avec la teinture de sureau. Quelques essais comparatifs permettent cependant d'établir d'une façon bien tranchée la différence, et c'est le seul moyen qu'ait un expert pour se prononcer nettement sur ce point. Pour la fraude, il la démontre; il n'y a donc que le choix des deux colorants qui puisse lui laisser quelques hésitations.

LE TROËNE.

Le Troëne, *Ligustrum*, de la famille des oléinées' classe des diospyroïdes, tribu des olées, est un arbrisseau ou petit arbre à feuilles opposées, pétiolées, ovales et lancéolées, entières, glabres et luisantes en général. Les fleurs sont blanches, très-odorantes, disposées en panicules ou grappes, les fruits sont d'un beau noir. Il vient généralement le long des haies et pousse dans presque toute l'Europe. Ces baies sont très-recherchées par les oiseaux et peuvent fournir une matière colorante violacée assez riche en couleur, mais peu stable.

La liguline, matière colorante des baies de troëne, résiste peu à l'action du vin, et sa couleur violette se modifie rapidement en rouge clair qui n'ajoute aucune coloration au liquide.

Son emploi, rare en France du reste, est presque sans avantage pour le fraudeur ; cependant il est bon d'en pouvoir déterminer la présence si besoin est.

Nous n'indiquerons qu'une seule réaction qui nous semble bien caractéristique, c'est celle que donne M. Husson qui additionne le vin suspect d'une certaine quantité d'alun, puis d'acétate de plomb. Il se forme un précipité coloré et un liquide surnageant dont la couleur varie selon les éléments qui le composent.

Avec un vin pur, le précipité est ou blanc sale ou gris bleu ou gris violacé. Si le vin est additionné de teinture de troëne, le précipité est franchement gris bleu; mais ce caractère n'a rien de probant, car le même phénomène se produit avec des vins du Midi très-jeunes ou des vins de vignes américaines. C'est dans le liquide clair qu'il faut chercher le caractère bien tranché de la teinture de troëne.

Quand le vin est pur, le liquide surnageant et clair a une teinte à peine vineuse quelle que soit la nature du vin. Si au contraire il y a addition de teinture de troëne, le liquide est d'un beau bleu analogue à celui que donne l'oxyde de cuivre en solution dans l'ammoniaque.

Comme la teinture de troëne est peu employée, nous ne croyons pas utile de pousser plus loin cette recherche; du reste la réaction indiquée est tellement caractéristique qu'elle ne peut laisser aucun doute.

LE MYRTILLE.

Le Myrtille ou Airelle, quelquefois appelé Vaciet, du nom latin *vaccinium*, raisin d'ours, raisin des bois, muret, brimbelle, est appelé par les botanistes airelle myrtille *vaccinium myrtillus* ; c'est un sous-arbrisseau. Il croît dans les bois élevés en France, en Angleterre, en Allemagne, il est haut de 30 à 50 centimètres, ses feuilles sont fines et ovales légèrement dentées, ses fleurs rosées, pédiculées, solitaires, ses fruits sont des baies d'un bleu noirâtre très-foncé, d'un goût aigrelet et agréable. Le fruit est consommé cuit dans beaucoup de montagnes, mais par la fermentation il donne un jus très-riche en teinture, surtout si on a eu la précaution d'ajouter à la masse une certaine quantité d'alun, ou même d'obtenir le jus simplement par pression et en l'empêchant de fermenter par une forte addition d'alun.

En Suisse on fait avec les fruits de myrtille fermenté, une sorte de vin d'un goût peu agréable pour les personnes qui n'en ont pas l'habitude, et qui a son public comme toute chose.

La richesse colorante du jus de baies de myrtille devait attirer l'attention des fraudeurs, c'est ce qui n'a pas manqué ; mais les experts ont bien vite mis leur adresse en défaut et l'analyse ne laisse aucun doute à ce sujet.

Le carbonate de soude ne donne que des indications vagues, car elles peuvent se confondre avec les réactions obtenues avec l'Aramon et les vins de vignes américaines. Cependant si on porte le vin additionné de carbonate de soude à l'ébullition, il se décolore ou devient jaune, tandis que s'il y a du jus de baies de myrtille, il devient gris foncé; c'est une première indication qu'il est bon de noter.

Le borax laisse au vin additionné de myrtille une couleur grise pointe de lilas.

L'addition d'alun, puis de carbonate de soude, donne une laque bleu verdâtre légèrement rosée et le liquide surnageant est vert marron dans le vin au myrtille; mais ce n'est pas là encore une réaction caractéristique, car elle a une analogie très-grande avec celle d'autres sucs de plantes.

L'acétate de plomb n'indique rien de certain. Le procédé de M. Husson, l'addition d'alun, puis d'acétate de plomb donne une indication bien plus positive. Le vin additionné de jus de baies de myrtille donne un précipité violacé et le liquide surnageant est violet bleu. C'est une réaction commune avec le sureau, mais qu'on peut encore distinguer.

Un vin fraudé au myrtille se colore en violet quand on l'additionne d'une solution de sulfate de cuivre. C'est un signe des plus caractéristiques.

Mais là où l'expert n'aura plus de doutes, c'est dans la recherche des éléments constituant le jus de baies de myrtille. En effet, ce jus contient des quantités assez considérables d'acide citrique qu'on retrouve très-bien dans le vin, qui, lui, n'en contient que des quantités tellement minimes que la plupart du temps elles échappent à l'observateur.

Voici comment on procédera à sa recherche :

On évapore, au bain-marie, 100 centimètres cubes du vin jusqu'à résidu pâteux, puis on reprend le résidu par un excès d'alcool qui dissout entièrement l'acide citrique libre et le peu d'acide tartrique qui peut s'y trouver. On évapore l'alcool au bain-marie et on reprend par l'eau. C'est dans ce liquide qu'on procède à la recherche de l'acide citrique.

Une partie du liquide est traitée par le carbonate de cobalt : on chauffe à une douce température et la liqueur se prend en une masse gélatineuse légèrement rose. Si on l'abandonne à l'évaporation spontanée, il se dépose des cristaux de citrate de cobalt sous forme d'une masse brillante d'une belle couleur violette.

Une autre partie est traitée par la soude, de manière à former un citrate acide de soude puis additionnée d'oxyde de cobalt ; il se forme alors un citrate de cobalt et de soude gommeux et d'une belle couleur rouge.

On peut encore distinguer l'acide citrique de l'acide tartrique par ses sels de potasse qui sont solubles dans l'alcool bouillant.

C'est la recherche de l'acide citrique et la démonstration de sa présence qui sont les indices les plus positifs de la coloration artificielle du vin par les baies de myrtille. Ce fait bien établi, l'expert peut se prononcer d'une manière presque sûre sans crainte d'erreur. Du reste la coloration des vins par ces baies n'a pas d'inconvénients au point de vue de l'hygiène publique, puisqu'on fait des vins de myrtille qui sont consommés tels quels, mais elle est condamnable pour ce fait, qu'il y a tromperie sur la qualité de la marchandise vendue et, comme telle, tombe sous le coup de la circulaire ministérielle de 1875.

LA ROSE TRÉMIÈRE OU MAUVE NOIRE.

(Althœa Nigra).

La rose trémière, de la famille des malvacées, fournit par ses pétales une matière colorante très-riche qui a été utilisée pour la teinture des vins ; mais c'est surtout sur les bords du Rhin que son emploi a été le plus fréquent.

En France, il en a été fait peu d'usage et pour différentes raisons : la principale, c'est que cette teinture donne au vin un goût assez facile à reconnaître, et dans des régions aussi vinicoles que les nôtres, il faut que le fraudeur évite de donner à la marchandise un goût qui puisse indisposer le consommateur et lui donner à penser qu'il boit un liquide travaillé. De plus, la couleur de cette teinture est peu stable et s'altère rapidement; on ne parvient à la maintenir que grâce à de fortes additions d'acide tartrique, additions qui nous serviront d'indice pour démasquer la fraude.

Quand on voudra procéder à la recherche de la mauve noire dans le vin, on commencera par le traiter par solution au dixième de sulfate de cuivre; s'il y a présence de cette teinture il deviendra d'un bleu intense. Ce caractère se confondra avec la réaction du troëne, mais pas d'une manière assez complète pour que l'expert ne puisse établir une distinction appréciable.

Le bicarbonate de soude chargé d'acide carbonique donne au vin additionné de cette teinture une nuance grise avec un reflet vert, mais plus souvent bleu, cela dépend de la plus ou moins grande vieillesse du mélange. Si le mélange est récent, la nuance sera bleue; s'il est ancien, la nuance sera légèrement jaune tirant sur le vert. Cela tient à l'oxidation lente de la matière colorante qui tend à tourner au jaune.

L'acétate d'alumine dans les vins fraudés par ce colorant leur donne une coloration bleu violacé, tandis que le vin naturel garde une couleur lilas vineux et quelquefois même se décolore.

Le réactif de M. Husson est un des plus sensibles et des plus caractéristiques, c'est l'alun et l'acétate de plomb. Le précipité dans le vin fraudé est gris bleu et le liquide légèrement teinté en lilas vineux. Cette réaction ne peut laisser aucun doute sur la nature du colorant et permet à l'expert de se prononcer d'une manière très-formelle.

LE COQUELICOT. (**Papaver Rhœos.**)

Le Coquelicot, de la famille des Papaveracées, est une plante annuelle qui pousse à profusion dans nos régions ; ses pétales, d'un rouge pourpre, séchées et traitées par l'alcool, donnent une matière colorante assez riche qui a été utilisée par les fraudeurs. La couleur fournie par le traitement des pétales de coquelicot par l'alcool, est très-soluble dans le vin, et grâce à l'acidité de ce milieu s'y maintient parfaitement. Cependant avec le temps elle tourne un peu au brun, comme toutes les matières colorantes végétales très-avides d'oxygène.

Cette teinture est tout-à-fait innoffensive au point de vue de l'hygiène ; elle a, à une légère dose, les propriétés sommifères des papaveracées, mais sans qu'elles soient bien caractérisées.

La recherche de cette teinture dans le vin ne manque pas d'une certaine difficulté, mais comme elle est rarement employée, l'expert n'aura que fort peu à s'en préoccuper.

Le vin additionné de cette teinture, traité par le tannin et la gélatine, ne se décolore que fort peu, car cette teinture n'est pas précipitée par ce traitement. C'est une indication à bien prendre en considération.

Si on traite ce même vin par le protonitrate de mercure, on aura un beau précipité bleu et le liquide surnageant sera presque incolore.

C'est le caractère le plus certain pour reconnaître cet agent de fraude. Nous ne pousserons du reste pas plus loin sa recherche, car son emploi est presque nul.

LA BETTERAVE. (Beta rapa.)

La Betterave, famille des Chénopodées, tribu des Cyclolobées, est une plante originaire de nos pays. C'est sa racine qui est recherchée ; suivant sa nature elle est employée à la fabrication du sucre ou comme plante comestible. La seule qui nous intéresse est la betterave rouge ; ses feuilles sont colorées en rouge vineux foncé et le jus de sa racine est d'un beau rouge imitant parfaitement le vin. L'idée d'extraire ce jus, de le faire fermenter et d'en additionner les vins dans le but d'en élever la couleur devait naturellement venir aux fraudeurs. Mais cette fraude présente un grand nombre de côtés faibles.

Si le jus est employé en nature, il introduit dans le vin une foule de corps qui lui sont nuisibles, des matières albuminoïdes, des oxalates, des sels ammoniacaux, des matières grasses et enfin des huiles essentielles qui en modifient profondément legoût. De plus, leur présence est d'une extrême facilité à démontrer, soit par la dégustation, soit par l'analyse chimique qui devra porter surtout sur la recherche des oxalates, recherche qui ne présente pas de très-grandes difficultés.

Si le jus de betterave a été employé frais et sans fermentation, il introduira dans le vin des quantités assez considérables de sucre qu'on pourra isoler assez facilement par des évaporations au bain-marie faites avec soin, et comme le vin naturel ne contient pas de sucre cristallisable, si on en rencontre il est évident qu'on sera en présence de cette fraude.

De plus, l'introduction de ce sucre dans le vin sera très-dangereuse pour lui, car en présence de la moindre élévation de température, il entrera en fermentation et changera de nature.

Si au contraire la fraude a été faite avec du jus de betterave fermenté, et si on n'a pas eu la précaution d'en chasser tout l'alcool, le goût seul suffira pour décéler la présence de cette matière étrangère. Le fraudeur, du reste, a peu d'intérêts à employer le jus de betteraves fermenté, car l'acte de la fermentation lui enlève une partie de sa matière colorante, et lui communique une prédisposition à s'altérer rapidement.

Le meilleur moyen pour s'assurer de ce colorant dans le vin, est celui indiqué par M. Gautier, le bicarbonate de soude surchargé d'acide carbonique.

Le vin naturel devient gris foncé et quelquefois lilas quand on l'additionne d'une solution à 8 °/ₒ de bicarbonate de soude surchargé d'acide carbonique, tandis que le vin coloré par la betterave devient jaune rougeâtre ou brun lilas.

Le borax communique au vin additionné de betterave une teinte grise avec reflet brun violet. Cette réaction n'est pas très-sensible, aussi nous lui préférons celle du bioxyde de baryum qui modifie ainsi le vin fraudé : il devient rouge lavure de chair, et le dépôt orange.

Malgré cela l'expert fera bien de rechercher dans les éléments premiers de la betterave, la preuve qu'il aura à produire en justice pour démontrer la fraude, car les réactions colorées sont peu sensibles et n'ont pas un caractère d'originalité suffisant pour faire condamner le délinquant.

LE PHYTOLACCA.

Le Phytollacca, de la famille des Phytolaccées, tient son nom de deux mots grecs : *phyton* plante, *lacca* laque, est un sous arbrisseau, appelé quelquefois raisin d'Amérique. Il donne une belle couleur rouge analogue à la laque.

C'est en Portugal et en Espagne qu'on a le plus cultivé cette plante dans le but de frauder les vins.

Son suc est vénéneux ; à une dose assez faible il provoque des vomissements qui sont occasionnés par la présence d'un excès d'acide oxalique dans le liquide, acide qu'il est assez facile d'isoler par les procédés en pratique dans les expertises médico-légales. Son emploi est donc doublement condamnable ; premièrement, comme portant atteinte à la santé publique ; secondement, comme tromperie dangereuse sur la nature de la marchandise vendue.

Les mesures les plus sévères furent prises en Portugal pour arrêter l'extension de cette fraude qui, à une époque, avait pris des proportions inquiétantes pour le public : la culture du phytolacca fut défendue sous les peines les plus sévères. Du reste, la facilité de la démonstration de son emploi a rapidement arrêté le mal, et il est extrêmement rare de rencontrer des vins qui en soient additionnés.

Le carbonate de soude avec le vin au phytolacca donne au liquide une nuance lilas ou violet sombre. Cette réaction cependant n'est qu'un indice, elle ne peut nous fixer positivement.

Le bicarbonate de soude surchargé d'acide carbonique, lui, donne à la masse une couleur franchement lilas des plus caractéristiques. Cette réaction est d'une extrême sensibilité, même quand le mélange est déjà assez ancien, ce qui augmente les difficultés de la recherche.

Le réactif de M. Husson, l'alun précipité par l'acétate de plomb, donne une réaction excellente. Le précipité est verdâtre bleuté si le colorant est en faible dose, rosé s'il y est en abondance. Le liquide surnageant est franchement lilas.

Le protonitrate de mercure donne les mêmes indications que le réactif de M. Husson, seulement les teintes sont plus accentuées et c'est ce qui nous le fait préférer ; ses indications sont bonnes à suivre pour ce colorant.

Le bioxyde de baryum donne également de bonnes indications, le liquide est franchement rose et le dépôt est orange.

Toutes ces réactions sont d'une extrême sensibilité et ne laissent aucun doute à l'expert ; cependant nous l'engageons à procéder à la recherche de l'acide oxalique en évaporant une certaine quantité de vin et cherchant dans le résidu, soit l'acide oxalique libre, soit les oxalates, par leurs réactions connues en présence de la chaux, de l'acide sulfurique ou de l'azotate d'argent.

La recherche de la teinture de phytolacca a ce grand intérêt, c'est que son emploi est dangereux pour la santé publique et doit par conséquent attirer toutes les sévérités de la loi.

L'ORSEILLE. (Rocella Tintoria).

L'orseille, cryptogame amphigène, de la famille des lichénacées, croît sur les bords de la mer ; celui qui nous occupe était très-estimé des Phéniciens qui allaient le chercher aux Canaries et à Madère, et en retiraient une belle teinture rouge qui, un moment, a été très-employée pour colorer les vins. Les fraudeurs avaient un moment dépisté les experts, car cette matière colorante ne se comporte pas du tout comme celles provenant des jus de fruits que nous venons d'étudier avec soin. C'est une infusion, une matière qui a subi plusieurs préparations avant d'être employée ; ses réactions sont donc tout à fait différentes ; aussi sa recherche se fait-elle par un procédé qui n'a rien de commun avec les autres ; il est du reste très-simple et n'exige pas de très-grandes opérations.

Le vin soupçonné additionné de cette teinture est traité par son volume d'éther, agité, sans toutefois être émultionné, puis abandonné au repos dans un flacon long et bouché avec soin. Quand l'éther est bien séparé, il est enlevé au moyen d'une pipette ou d'un entonnoir à robinet, on constate alors qu'il a pris une belle teinte orange vive. On l'additionne alors d'une goutte d'ammoniaque et la teinte orange passe immédiatement au violet franc. Cette réaction est des plus caractéristiques et ne peut laisser aucun doute sur la nature du colorant employé.

Ajoutons pour en terminer avec ce genre de coloration artificielle qu'il est presque abandonné et remplacé par d'autres agents que nous allons étudier d'une façon toute spéciale.

LE CAMPÈCHE.

Le bois de campèche ou bois d'Inde (*Haematoxylum campechianum*) est un arbre épineux haut de 12 à 15 mètres, de la famille des Papilionacées, tribu des Cœsalpiniés, il est originaire de la baie de Campèche (Mexique). Son bois, d'une belle couleur rouge foncé, donne par différents traitements une belle couleur violette ou rouge très-foncé, selon la manière dont elle est préparée.

L'alun est du reste la base indispensable pour maintenir la couleur de cette teinture, et c'est ce qui la rend condamnable dans son emploi dans les vins, outre la tromperie sur la nature de la marchandise vendue.

La teinture de campèche a eu autrefois une très-grande vogue parmi les fraudeurs, elle avait l'avantage immense de n'avoir ni goût ni odeur, et sa recherche présentait certaines difficultés.

Maintenant il n'en est plus de même et la recherche et la démonstration de cet agent de falsification se fait avec une grande facilité et une sûreté qui ne peut laisser aucun doute à la justice.

Du vin soupçonné coloré par la teinture de campèche est étendu de cinq parties d'eau et mis dans un tube en verre de deux centimètres de diamètre ; on l'additionne d'une solution de bichromate de potasse au dixième ; s'il y a du campèche, le liquide prend une teinte d'un beau violet ; s'il est pur, la couleur du bichromate se modifie peu, et ne tourne jamais au violet même avec des vins de vignes américaines.

Ce premier renseignement est précieux, mais il peut se confondre avec le bois de Brésil et de Fernambouc qui donne quelquefois la même réaction.

Le carbonate de soude ne donne pas d'indications certaines ; il en est de même pour le bicarbonate surchargé d'acide carbonique.

L'hydrate de baryte et le borax ne donnent pas non plus d'indications certaines, ce sont des réactifs à laisser de côté pour ce genre de recherches.

Le procédé de M. Husson, l'alun précipité par l'acétate de plomb, donne des réactions plus caractéristiques, mais qui peuvent se confondre avec les teintures de sureau et de myrtille.

Le liquide est violacé et le précipité violet un peu cerise. Cette réaction est très-délicate ; cependant on peut la rendre plus sensible en traitant le liquide filtré, qui est violet, par l'acide nitrique. S'il y a du campèche il devient pelure d'oignon, tandis qu'avec les autres colorants, il devient rouge. Cette réaction cependant lui est commune avec le bois de Fernambouc.

Un vin fraudé au campèche et additionné d'ammoniaque passe au violet, tandis que s'il est pur, il passe au vert brun.

M. Lapeyrère, pharmacien de la marine, emploie un procédé très-simple pour déterminer ce colorant. Nous l'avons essayé sur différents vins et il nous a donné des indications d'une grande précision ; mais il faut en contrôler les résultats, par des contre-expériences, le bois de Fernambouc donnant des réactions très-analogues, cependant faciles à distinguer pour un expert habile.

Des bandes de papier Berzélius sont imprégnées d'une solution concentrée d'acétate neutre de cuivre, puis plongées dans le vin suspect ; s'il y addition de teinture de campèche, elles prennent une belle couleur bleu violacé très-caractéristique.

La teinture de bois de Fernambouc donne une réaction analogue, mais cependant elle diffère de celle du campèche en ce que la couleur est rouge violacé au lieu de bleu violacé.

Cette réaction est d'autant plus avantageuse pour l'expert, qu'il peut la reproduire devant le tribunal et conserve ainsi un témoin indiscutable de la fraude.

On peut employer l'éther. En effet, si un vin additionné de campèche est traité par son volume d'éther, qu'on le décante, on obtiendra un liquide éthéré jaune plus ou moins foncé suivant la quantité de teinture ajoutée. Si ce même éther est traité par l'ammoniaque il deviendra rose, puis en ajoutant un excès du réactif il deviendra rouge. La nuance sera plus ou moins vive selon le plus ou moins d'excès du colorant additionné au vin.

Enfin on peut employer la soie floche décreusée et lavée à l'acide tartrique étendu. On prend de la soie floche traitée comme il est dit, on la laisse tremper dans le vin suspect pendant vingt-quatre heures ; si le vin est fraudé au campêche, la soie prend une belle couleur roux ou marron. Cette même soie traitée par l'ammoniaque étendue devient lilas cendré, si au lieu d'ammoniaque on emploie l'acétate d'alumine, la soie devient violet bleuâtre.

C'est ce dernier caractère qui permet d'établir une distinction positive entre la coloration du vin par le bois de campêche et le bois de Fernambouc.

Lorsque nous traiterons ce dernier, nous établirons la différence des réactions.

Dans les nombreuses expertises que nous avons été appelé à faire, nous avons toujours eu une grande prédilection pour ce mode d'opérer par la teinture des fils de soie ou de laine, car on a toujours sous la main une preuve palpable, pour tous, de la fraude. Malheureusement toutes les teintures ne se prêtent pas à ce mode d'opérer, nous le regrettons et faisons tous nos efforts pour diriger nos recherches dans ce sens.

BOIS DE BRÉSIL OU DE FERNAMBOUC.

(Cœsalpinia echinata Brasiliensis).

Le bois de Brésil ou de Fernambouc, d'origine du Brésil, est un arbre du genre du campèche, mais dont la matière colorante diffère un peu de nuance : elle est cependant très-riche et donne du rouge d'une nuance très-recherchée par sa puissance.

Son emploi dans les vins est donc tout indiqué, et se pratique conjointement avec celle du campèche. Elle en a du reste les mêmes inconvénients, la présence d'un excès d'alun. Cependant on extrait du bois de Brésil une teinture appelée brésiline, due à M. Chevreul, qui est d'une grande puissance colorante et d'un emploi commode dans les vins, car elle est soluble dans l'eau, l'alcool et l'éther.

Les réactions employées pour la recherche de ce colorant ont une grande analogie avec celles en usage pour le campèche, cependant elles permettent d'en établir d'une manière très-nette la distinction.

Le premier essai à faire est de tanniser fortement le vin suspect et de précipiter tout le tannin par un excès de gélatine. Le vin ne se décolore pas, la couleur du bois de Brésil reste dans le liquide. On filtre et dans le liquide clair on verse quelques gouttes d'ammoniaque ; la couleur passe immédiatement au lilas brun plus ou moins foncé, selon la quantité de colorant existante. Cette réaction est bonne à étudier.

Un vin coloré au bois de Brésil et additionné de carbonate de soude passe au lilas brun, tandis que le vin pur devient vert bleuâtre. Si on le fait bouillir, la couleur devient lilas vineux s'il est coloré au bois de Brésil, s'il est pur il se décolore.

L'ammoniaque donne la même réaction que le carbonate de soude, sauf l'ébullition qui ne peut se pratiquer, car elle chasse le réactif qui est très-volatil.

Le borax donne une réaction analogue très-sensible.

Le réactif de M. Husson donne également de bonnes indications: le liquide surnageant est violacé et le précipité groseille, ce qui le distingue du bois de campêche, qui donne un précipité violet un peu cerise.

Mais la réaction la plus pratique est celle de la soie floche mordancée à l'acide tartrique.

On opère, comme nous l'avons expliqué au chapitre Campêche et on traite : 1° par l'ammoniaque étendue d'eau et on porte un instant la soie à 100 degrés, elle prend une teinte lilas roux, tandis que si le vin est pur elle devient gris foncé ; 2° par l'acétate d'alumine, on trempe la floche de soie dans une solution d'acétate d'alumine, on porte à 100 degrés, elle conserve sa belle couleur lilas vineux qui établit une ligne de démarcation bien distincte avec le campèche qui donne à la soie traitée de même une belle couleur violet bleu.

Cette réaction est la plus certaine, et celle que doivent préférer les experts.

LA COCHENILLE.

La cochenille est un petit insecte de l'ordre des *Hemiptères*, tribu des *Homoptères*, famille des *Gallinsectes*. La cochenille du Nopal, cactus du Mexique, est la seule qui nous intéresse, c'est celle qui fournit la belle couleur rouge que nous connaissons et dont l'emploi n'a pas été négligé par les fraudeurs, quoiqu'il présente peu d'avantages pour ce genre d'industrie. La couleur de la cochenille manque de stabilité dans les vins, elle se précipite rapidement dans les lies et les dépôts, puis sa recherche est tellement élémentaire que les fraudeurs doivent rarement se hasarder à l'employer.

Si un vin est soupçonné fraudé par la teinture de cochenille, on n'a qu'à l'additionner d'eau de baryte et il se précipitera une laque d'un beau violet, si le vin est pur la laque sera verte.

On peut encore tanniser fortement le vin sus

pect, précipiter par l'albumine, filtrer, puis verser de 10 à 12 gouttes du liquide filtré dans 250 grammes d'eau chargée de sels calcaires, elle prendra de suite une nuance violette, si le vin contenait de la cochenille.

M. Necs d'Essenbeck. lui, traite le vin cochenillé par l'alun et le carbonate de soude, il filtre et a un liquide rose décoloré par l'eau de chaux, mais qui se décolore sous l'influence de la chaleur.

Le meilleur moyen est encore la soie mordancée qu'on laisse séjourner 24 heures dans le vin suspect ; après ce séjour on lave à l'eau et on la sèche à 100 degrés ; elle est alors d'un lilas vineux qui ne se modifie pas, même à 100 degrés par l'acétate de cuivre, et qui, trempée dans une solution étendue de chlorure de zinc portée à 100 puis lavée au carbonate de soude, à l'eau et séchée, prend une teinte pourpre très-riche. Si au contraire le vin était pur la soie devient lilas grisâtre et terne.

Cette réaction est comme nous l'avons déjà dit la meilleure et la plus pratique pour un expert.

L'INDIGO.

L'*Indigo* est une matière colorante qu'on extrait des plantes du genre *Indigofera argentea tinctoria*, de l'*Isatis tinctoria*, du *Polygonum tinctorium*.

L'*Indigofera* est une plante du genre *Dicotylidones dialypetales perigynes*, de la famille des Papillionacées, tribu des *Lotées*, sous-tribu des *Galigées ;* c'est d'elle qu'on retire la masse d'indigo qui vient se vendre sur les marchés d'Europe et fournit cette belle couleur bleue si solide et si riche.

Nous passerons sous silence les modes de préparation de la couleur d'indigo ; nous nous bornerons à constater ce fait, c'est qu'elle a eu un certain succès, à un moment donné, dans la fraude des vins.

La recherche si facile de l'indigo a promptement découragé les fraudeurs, et on peut dire qu'il n'est plus employé que pour modifier la nuance trop rouge de certains colorants, ce qui en rend alors la détermination assez délicate.

Le procédé le plus simple est de traiter le vin par le sulfate d'alumine et de potasse, puis de précipiter par l'addition d'acétate de plomb. Il se forme un sulfate de plomb qui entraîne toute la couleur ; on traite par l'alcool qui enlève toute la matière bleue contenue dans le précipité, on évapore et on a tout l'indigo contenu dans le vin essayé. C'est dans cet extrait sec qu'on recherche l'indigo au moyen des réactions connues de la potasse et de l'acide sulfurique, et on peut encore comme témoin, avec le résidu sec traité par l'acide sulfurique, teindre de la laine mordancée en alun ou en crème de tartre.

Ces caractères sont assez significatifs pour qu'il

n'y ait aucune confusion possible dans la nature du produit recherché. Nous n'insisterons donc pas plus sur ce point.

LA FUCHSINE.

De tous les colorants employés pour la fraude des vins, aucun n'a eu autant de vogue et n'a tant fait chercher que la fuchsine, dont la richesse colorante n'a pas d'égale : quelques grammes suffisent en effet pour doubler et tripler la couleur d'un vin. Mais les experts ont été assez longtemps avant de diriger leurs recherches dans ce sens. C'est Ritter un des premiers qui a fait des études sérieuses sur ce produit et ses dérivés ; il est du reste arrivé à des résultats très-curieux et dont la partie scientifique fit grand bruit à son époque. Depuis, de nombreux procédés ont été publiés ; nous les étudierons tous, mais avant nous ferons un petit exposé physiologique et scientifique de la matière.

La fuchsine doit son nom à sa couleur qui rappelle celle de l'aniline. Son mode de préparation est ce qui influe le plus sur ses propriétés physiologiques. Sans vouloir faire une étude à fond sur ce sujet, il est bon cependant de nous y étendre un peu, car non-seulement l'emploi de la fuchsine peut être poursuivi comme présentant des inconvénients pour la santé publique, mais encore, comme servant à tromper sur la qualité de la marchandise vendue.

M. Ritter, dans un essai sur les vins fuchsinés, y a trouvé de l'arsenic en bien faible proportion, mais enfin il en a trouvé, et ce fait, quelque peu grave qu'il soit, pouvait inquiéter la justice.

La présence de ce métal toxique dans la fuchsine tenait à son mode de préparation.

Le procédé de M. Verguin était fort simple : il consistait à chauffer de l'aniline avec du bichlorure d'étain anhydre ; mais il était dispendieux, donnait des résultats qui étaient souvent loin de donner toute satisfaction aux fabricants ; il fut donc abandonné et remplacé par de nombreux procédés et entre autres celui de M. Medlock en Angleterre et de Laire et Girard en France. Ce procédé que nous allons décrire a été breveté simultanément dans les deux pays.

On procède comme suit : on prépare une solution très-concentrée à 76 pour 100 d'acide arsénique.

25 kilog. de cette solution sont mélangés avec 15 kilog. d'aniline et introduits dans une très-grande cornue de fonte, car la masse se boursouffle beaucoup. On la chauffe au bain d'air à 170 degrés pendant trois ou quatre heures ; quand la matière est bien fondue et qu'en plongeant dedans une baguette et qu'en la retirant la masse se solidifie en prenant une couleur bronze, on consi

dère l'opération comme terminée. On verse alors le tout sur des plaques de fonte pour opérer le refroidissement, puis on l'introduit dans de grandes cuves avec deux fois son poids d'acide chlorhydrique, on y fait passer de la vapeur pendant environ deux heures, la masse entre en dissolution, on filtre et le liquide provenant du filtrage est envoyé dans une cuve en fonte contenant une solution de carbonate de soude plus que suffisante pour précipiter toute la matière colorante. On fait passer un nouveau courant de vapeur et toute la matière colorante arrive à la surface du liquide où on l'enlève à l'aide d'écumoirs pour l'introduire dans de grandes cuves de fonte contenant de l'eau chauffée par la vapeur. La dissolution ne se fait pas entièrement; mais au moyen d'un filtrage on sépare le nouveau dépôt et on fait passer le liquide dans des plateaux en tôle où on laisse refroidir. La matière colorante se sépare sous forme de gros cristaux verts et à reflets cuivreux qui sont du chlorhydrate de rosaniline. Cette matière est d'une richesse colorante extrêmement puissante et bon marché relativement à son pouvoir colorant, mais son mode de préparation entraîne forcément de faibles traces d'arséniate de soude, ce qui explique les résultats des remarquables analyses de M. Ritter.

En effet, dès les premiers vins saisis, M. Ritter démontra-t-il que des vins colorés à la fuchsine pouvaient contenir jusqu'à 1 milligramme d'arsenic par litre, mais que la proportion moyenne varie entre 0 gr. 00045 à 0 gr. 00081. Charvey prétend avoir trouvé des vins contenont 0 gr. 08 d'acide arsénieux par litre, mais il y a incontestablement erreur dans le dosage, car la quantité d'acide arsénieux trouvée serait plus grande que la somme de fuchsine ajoutée.

Du reste cette question a été promptement écartée par les travaux de M. Coupier, qui obtient la fuchsine en faisant réagir sur l'aniline et la nitrobinzine un mélange de fer et d'acide chlorhydrique.

Plus de traces d'arsenic, la question change de face, il faut étudier maintenant si la fuchsine non arsénicale est elle-même douée de propriétés toxiques ou simplement nuisible pour la santé publique, laissant de côté la coloration frauduleuse du vin.

Pour ce qui est de la question de toxicologie, nous citerons la cinquième partie du rapport du Conseil d'hygiène publique de France:

5° Quant à la fuchsine qui, aujourd'hui, en raison de sa puissance tinctoriale et de la modicité de son prix, tend à remplacer toutes les autres teintures destinées à la coloration des vins, non-seulement elle est manifestement toxique lorsqu'elle renferme de l'arsenic, et la plupart des caramels de teinture livrés au commerce en contiennent une notable proportion, mais en outre lorsqu'elle est complètement débarrassée de ce poison, elle est encore nuisible, en ce sens, d'une part, qu'elle altère la qualité du vin d'une manière plus sérieuse que les autres couleurs artificielles, et, d'autre part, qu'aux doses où elle est généralement introduite dans le vin, elle paraît capable, sinon de produire immédiatement des accidents d'empoisonnement, du moins d'amener au bout d'un laps de temps encore indéterminé, des troubles fonctionnels et même des altérations organiques de nature à compromettre la santé du consommateur ;

6° En conséquence le Comité estime que la vente et l'emploi de la fuchsine pour la coloration des vins sont passibles des peines fixées par l'article 2 et 3 de la loi de 1831, rendue applicable aux boissons par la loi de 1855.

Il ne manquerait cependant pas d'intérêt de répandre dans le public les résultats des expériences faites par un grand nombre de savants ; c'est ce que nous allons faire le plus brièvement possible.

Voici, suivant Ritter, les effets de la fuchsine sur des personnes et des chiens :

La fuchsine pure, non arsénicale, est éliminée par les reins et la salive ; les organes de sécrétion sont irrités par son passage, ce qui détermine d'une part l'apparition d'albumine dans les urines et d'autre part un prurit de la bouche. L'irritation des parois intestinales entraîne à la suite des diarrhées.

Ces recherches furent vivement attaquées et une violente controverse en résulta, surtout relativement à la production de l'albumine dans les phénomènes morbides produits par la fuchsine.

Voici une nouvelle série d'expériences que nous trouvons dans le travail de M. Husson ; ce sont des essais faits sur l'homme. Conclusions :

1° Vingt minutes après l'ingestion de 0 gr. 50 de fuchsine, les urines deviennent comme sanguignolantes et restent ainsi pendant plusieurs heures. M. Ritter ne dit pas avoir trouvé d'albumine dans les urines.

2° Dans un autre cas, 2 grammes de fuchsine furent ingérés ; les urines ne furent pas colorées quoique acides. Les urines pendant ces expériences étaient exemptes d'albumine.

3° Une nouvelle expérience fut instituée sur le même sujet, qui est un homme encore robuste, dans sa cinquantaine et non ivrogne. Il consomma tous les matins un litre de vin fuchsiné... Les urines plus ou moins rosées pendant la durée de l'expérience, contiennent, le douzième jour, des traces d'albumine ; nous nous arrêtons le douzième jour.

4° Le vin consommé pendant l'expérience était arsénical. On recommença l'expérience en colorant le vin par la fuchsine non arsénicale à la dose de 0 gr. 40 par litre. Le quatrième jour, nous suspendons l'expérience avant qu'il y ait apparition d'albumine dans les urines.

Voisin et Lancereau, ainsi qu'Hérard, prétendent que ce phénomène peut aussi bien provenir de l'influence de l'alcool du vin que de la fuchsine.

La plus grande divergence d'opinion règnant sur l'action physiologique possible de cet agent sur notre organisme, nous préférons citer les opinions des savants compétents, ne nous considérant pas comme ayant qualité pour trancher une question aussi délicate.

MM. Bergeron et Clouet ont donné à un homme 1 gramme de fuchsine pure sans que celui-ci fût incommodé ; en huit jours 3 gr. 20 furent ingérés sans accident. Des chiens en ont absorbé 20 gr. sans être indisposés. 65 grammes donnés en six jours n'ont pas produit de désordre. Aussi ces médecins légistes ont conclu que la fuchsine pure, c'est-à-dire ne contenant pas d'arsenic ni de corps étrangers, pouvait être absorbée, même à très-haute dose, sans occasionner le moindre désordre dans l'organisme, et que par conséquent on pouvait en tolérer l'introduction dans les vins, sans danger pour le consommateur, laissant de côté la question de tromperie sur la qualité de la marchandise vendue.

MM. Bouchardat et Ch. Girard émettent l'opinion suivante :

Eu égard aux petites quantités de fuchsine qui interviennent dans les vins artificiellement colorés, on peut dire avec certitude, comme cela a déjà été affirmé par MM. Bergeron et Lhote, que ces vins ne peuvent être considérés comme des toxiques, ayant une action nuisible immédiate. Quelle que soit la dose du vin ingéré, les accidents qui apparaissent immédiatement doivent être attribués au vin prix en excès et non à la fuchsine. Mais peut-on répondre avec certitude que l'usage continu du vin coloré avec cette substance soit inoffensif?

Certainement non.

Le fait est donc jugé provisoirement. La fuchsine pure de tout mélange n'est pas un toxique immédiat; mais la science n'est pas encore à même, faute d'expériences, de décider si son action prolongée sur l'organisme peut avoir des conséquences morbides; aussi préfère-t-elle conseiller de prohiber l'emploi de cet agent, mais non de le considérer comme agent d'empoisonnement immédiat et de le poursuivre comme tel.

Voici, du reste, pour terminer ce trop long débat, les conclusions de l'académie des sciences, après une vive discussion à laquelle ont pris part MM. Wurtz, Pasteur, Vulpian, Boussingault, Dumas, le général Morin.

La fuchsine est une matière frauduleuse sans doute, mais nullement homicide; alors même qu'elle est inoffensive, son introduction dans le vin constitue une tromperie sur la qualité de la marchandise livrée.

La fuchsine non arsénicale entre donc dans la même catégorie que les autres colorants inoffensifs qui sont employés pour les vins ; il y a tromperie, mais pas tentative criminelle de faire consommer un produit toxique.

Il est donc bon que le fraudeur, qui aurait le désir de l'employer, puisse s'assurer si, oui ou non, il y a de l'arsenic dans le produit qu'on lui livre et qu'il mélange avec son vin.

Voici les procédés les plus simples :

Traiter la fuchsine par l'appareil Marsh et constater la formation de l'anneau arsénical ; mais les quantités à apprécier sont si faibles qu'il est préférable d'employer des moyens plus sensibles.

M. Husson, lui, étrangle le tube de dégagement de l'appareil Marsh à l'endroit où se forme l'anneau, et introduit à cette place un peu d'iode. Dès que le dégagement d'hydrogène arsénié se produit, il se forme un anneau rouge-jaune d'iodure d'arsenic qui se volatilise en vapeurs jaunes sous l'influence de la chaleur. Mais M. Husson a rendu son procédé encore plus sensible en faisant arriver, dans une solution d'iode dans la benzine, un courant d'hydrogène arsenié ; s'il y a la moindre trace d'arsenic, elle se décolore immédiatement. Ce procédé est d'une sensibilité extrême et révèle les moindres traces d'arsenic.

Maintenant que nous avons étudié la question de la fuchsine sous toutes ses faces, nous allons passer en revue les principaux modes conseillés pour sa recherche et sa démonstration.

Le premier procédé publié est dû au professeur

Casali. Il consiste à traiter les vins suspects par de l'ammoniaque et d'agiter ensuite avec de l'éther qui se charge de rosaniline. Ce procédé a du bon mais est insuffisant pour les faibles dosages.

M. Yon agite 25 à 30 centimètres cubes du vin suspect avec 1 à 2 grammes de noir animal ; il n'est point nécessaire d'en employer une quantité suffisante pour décolorer entièrement le vin ; on jette sur un petit entonnoir dont la douille est garnie d'un tampon d'amiante ; on laisse égouter et on lave le noir avec un peu d'eau ; cela fait, on le traite par un peu d'alcool ou même d'eau-de-vie forte, et immédiatement cet alcool se colore en rouge plus ou moins foncé suivant la quantité de fuchsine contenue dans le vin. Si le vin est pur, l'alcool passe incolore. On peut ainsi déterminer la présence de 0 gr. 002 de fuchsine par litre.

M. Jacquemin démontre la présence de la fuchsine : 1° par la teinture directe de la pyroxylique. Les couleurs d'aniline se fixent sur la pyroxylique, tandis que la matière colorante du vin n'y reste pas ;

2° Par la teinture des laines mordancées où le même phénomène se produit ;

3° Par la teinture de la laine au moyen de la fuchsine ammoniacale. On évapore 200 c. c. de vin à moitié, puis on traite à froid par un excès d'ammoniaque, en ayant soin d'agiter fortement ; on mélange enfin avec l'éther, on agite et on laisse reposer. On évapore l'éther en faisant passer les vapeurs dans de la laine blanche qui se colore immédiatement en rouge s'il y a de la fuchsine.

M. Lamattina emploi le peroxyde de manganèse.

M. Husson, lui, opère comme suit : on introduit quelques grammes de vin dans une fiole et l'on ajoute un peu d'ammoniaque. Le mélange prend une teinte d'un vert sale. On plonge alors dans ce liquide un fil de laine blanche à tapisserie. Lorsqu'il est bien imbibé, on le retire, on le dispose verticalement et l'on fait couler le long une goutte de vinaigre ou d'acide acétique étendu. Si le vin est naturel, à mesure que la goutte avance la laine redevient d'un blanc rose, s'il est fuchsiné elle se teint en rose plus ou moins foncé.

M. Belus prend un tube en verre divisé en trois parties égales, la première est remplie avec le vin à analyser, la deuxième avec de l'ammoniaque déluée ; on agite, puis enfin la troisième division est remplie avec de l'alcool amylique ; on agite de nouveau. Quand le mélange est bien opéré, on laisse reposer. On voit alors une zone se former à la surface. Si le vin est fuchsiné, cette zone est plus ou moins rosée ; si, au contraire, il est pur, la zone est incolore.

M. Fordos sépare la fuchsine du vin par le chloroforme ; il opère comme M. Jacquemin.

M. Béchamps emploie l'eau de baryte.

M. Romei d'un côté, et M. Labiche de l'autre, ont publié un procédé qui est identique ; je laisserai donc à d'autre le soin d'en discuter la propriété, me bornant à cette déclaration : c'est qu'il semble être le meilleur et que le conseil d'hygiène de France l'a adopté comme tel.

Pour découvrir la fuchsine, précipiter le vin par un excès de sous-acétate de plomb, filtrer ; agiter le liquide filtré avec de l'alcool amylique. Celui-ci se teint en rose ou en rouge. La coloration disparaît par l'addition de quelques gouttes d'ammoniaque et reparaît lorsqu'on sursature par l'acide acétique. Ces caractères n'appartiennent qu'à la fuchsine et à ses dérivés.

M. Girard a modifié le procédé : il remplace l'alcool amylique par l'éther acétique.

M. Schuttleworth a basé son procédé sur l'emploi de l'alcool amylique et M. Jaillard s'est appuyé sur les données exposées par MM. Romei et Labiche.

Les procédés sont nombreux et d'une exécution facile pour démontrer la présence de la fuchsine dans les vins, les experts pourront donc se prononcer en toute assurance.

Nous terminerons là ce trop long exposé de matières colorantes artificielles employées pour frauder les vins.

Nous n'avons pas la prétention d'avoir rien fait de bien neuf, seulement notre but a été de grouper en un seul ensemble tous les travaux des savants sur cette matière et nos observations personnelles. Nous pensons qu'il sera bon, dans les questions judiciaires de ce genre, d'avoir sous la main un résumé pratique de tous ces précieux documents, dispersés dans une foule d'ouvrages et de mémoires que tout le monde n'a pas à sa disposition. C'est dans cette espérance que nous offrons ce travail à toutes les personnes que cette question peut intéresser.

TABLE

Pages

Acide sulfureux 11
Ammoniaque 9
Bicarbonate de soude surchargé d'acide carbonique 7
Bioxyde de baryum 13
Betterave 45
Bois de Brésil 53
Borax 8
Carbonate de soude 11
Campêche 51
Cochenille 57
Considérations générales 1
Coquelicots 44
Eau de Baryte 10
Etude des réactifs 6
Fernambouc 55
Fuchsine 60
Hièble 33
Hydrogène naissant 12
Indigo 58
Méthode générale 14
Id. Carles 18
Id. Chancel 27
Id. Facon 19
Id. Fauré 16
Id. Filhol 22
Id. Gautier 21
Id. Husson 23
Id. Lamattina 20
Myrtille 39
Orseille 49

Pages.

Protonitrate de mercure.. 8
Phytolacca.. 47
Rose trémière... 12
Sous-acétate de plomb... 11
Sulphydrate d'ammoniaque ammoniacale.......................... 9
Sureau.. 29
Troëne.. 37

Épernay. — Imp. Bonnedame et Fils.

www.ingramcontent.com/pod-product-compliance
Lightning Source LLC
LaVergne TN
LVHW020037170826
845678LV00001B/291

* 9 7 8 2 3 2 9 6 9 8 7 7 9 *